AF602903

LES MALADIES

DES

ANIMAUX ET DES VÉGÉTAUX

VER A SOIE — VIGNE

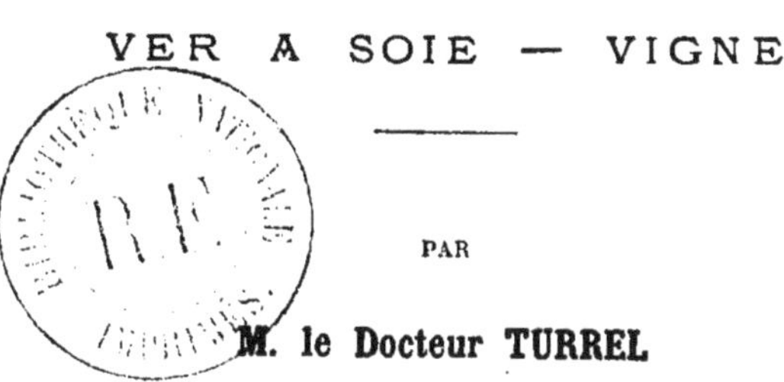

PAR

M. le Docteur TURREL

Délégué de la Société zoologique d'acclimatation, à Toulon

Extrait du Bulletin de la Société d'acclimatation
1867 — 1874

TOULON

TYPOGRAPHIE L. LAURENT, RUE NATIONALE, 49

1874

LES MALADIES
DES
ANIMAUX ET DES VÉGÉTAUX

VER A SOIE — VIGNE

A la veille du Congrès vinicole et séricole de Montpellier, en présence de l'incertitude et du désarroi que provoquent chez les cultivateurs la foule toujours grossissante des empiriques et des inventeurs de remèdes, il nous a semblé utile de remettre en lumière des travaux qui ramèneront, nous l'espérons, dans la voie que l'on a trop longtemps abandonnée.

Dès 1867, nous avons publié sur la maladie des vers à soie, un mémoire, aujourd'hui épuisé, dont les doctrines et les conclusions reçoivent tous les jours une confirmation éclatante. Nous le réimprimons aujourd'hui, et nous le faisons suivre d'un mémoire sur les maladies de la vigne, convaincu de plus en plus que les lois qui président à la formation, à l'évolution et à la guérison des maladies, sont les mêmes pour tous les êtres, hommes, animaux et végétaux.

En ce qui concerne le ver à soie, j'ai signalé à la Société d'acclimatation, le fait concluant d'un respectable ecclésiastique qui, pendant de longues années de l'exercice du sacerdoce dans une petite commune voisine d'Ollioules, s'est livré avec un succès constant à l'élève de cet insecte. « Tout mon secret, m'écrivait-il, consiste à fournir à mes élèves « beaucoup de nourriture et beaucoup d'air pur, en les débarrassant des « déjections et de tout ce qui peut vicier le milieu. » Ce bon curé n'a jamais connu le microscope, et il eût été fort embarrassé pour en faire usage.

M. Bonous, de Valence, qui, depuis longues années, fait le commerce le plus honnête des graines puisqu'il les produit lui-même, se déplace tous les ans, et a ainsi parcouru toute la région séricole comprise entre la France et l'Allemagne. Partout il a vu qu'on faisait du ver à soie, non un élève, mais un martyr, et que le mûrier est incessamment mutilé : on le rabat sans pitié, on violente sa sève et par conséquent on l'affaiblit.

Quant aux vers à soie, ils s'étouffent dans des placards, des tiroirs ou des réduits insuffisants. Ils n'ont pas assez de feuilles et ils manquent d'air. Partout il a vu le ver maigrement nourri sur sa litière infecte. Comment, dans ces conditions, la maladie pouvait-elle manquer de se produire? Venu dans le Var, M. Bonous qui recherche les stations où il peut se passer de chauffage, a obtenu de magnifiques éducations. C'est à l'hygiène et à la sélection qu'il doit sa constante réussite, mais il ne craint pas de tenir ses salles constamment ouvertes en ayant soin toutefois de fermer les jalousies pendant la nuit. Il formule ainsi ses préceptes :

« Tenez le ver propre, nourrisez-le abondamment avec de bonnes feuil-
« les, fournissez-lui de l'air pur ; partez d'une bonne graine ; choisissez
« les reproducteurs sortis des cocons les plus beaux, les plus lourds. Évi-
« tez les croisements, et vous réussirez à coup sûr, sans avoir besoin du
« microscope. »

Quant à la maladie de la vigne, de nouvelles informations confirment les doctrines que nous avons exposées.

M. Trimoulet, secrétaire de la Société linnéenne de Bordeaux, soutient par les arguments les plus plausibles, que le phylloxera était de tout temps un parasite de nos vignes européennes ; qu'il n'a pas été importé d'Amérique, mais qu'il a pullulé de la manière effrayante que nous connaissons sous l'influence de causes multiples. Pour lui le phylloxera ne serait donc qu'un symptôme, et non la cause de la maladie. Cet insecte a, du reste, été décrit, il y a trente-cinq ans, par le naturaliste Koch, de Munich, dans sa *Monographie du puceron*, sous le nom d'*aphis vitœ*. Quant à l'identité du puceron de la vigne et de celui du chêne, au Kermès, imaginée par M. Lichtenstein, elle a été réfutée par MM. Signoret et Balbiani.

D'autre part, nous avions mille fois raison de nous élever contre l'introduction des cépages américains, car les vignes de cette provenance, plantées dans le vignoble de Roquemaure, n'ont pas mieux résisté au phylloxera que les vignes européennes. M. Berkmann, d'Augusta (Georgie), l'habile pépiniériste, qui a fait payer à un si haut prix les *Clinton* et les *Concord*, avoue qu'il ne peut pas garantir la résistance de ces cépages en Europe, plus qu'il ne pourrait garantir la résistance des vignes européennes importées en Amérique. Toutefois, il signale de nouvelles variétés qu'il estime devoir être indemnes du fléau, et naturellement il les cote fort cher, en attendant qu'elles occasionnent une nouvelle déception.

Toulon, 1er octobre 1874.

VER A SOIE

Les curieuses découvertes dues à l'étude microscopique des tissus animaux et végétaux ont ouvert à l'observation le monde des infiniment petits, et révélé des êtres vivants à existence parasitaire qui avaient jusqu'à ce jour échappé aux études anatomiques.

D'autre part, les recherches des micrographes sur les générations spontanées ont peuplé l'atmosphère de masses d'innombrables germes, qui se développent quand ils rencontrent un milieu favorable, et l'on a soupçonné que certaines grandes épidémies, la peste, la fièvre jaune, le choléra, avaient pour véhicules des myriades d'êtres invisibles qu'engendrent les eaux stagnantes saturées de ferments et formidablement fécondées par le soleil des tropiques.

De ces faits ou de ces hypothèses à l'opinion que toutes les maladies épidémiques sont dues à des parasites infiniment petits, il y avait une induction facile, et nul ne s'étonnera que M. Pasteur, dans un récent mémoire, considère la maladie des vers à soie comme due à la présence de parasites microscopiques qu'il appelle corpuscules de Cornalia, du nom du savant qui les a le premier décrits.

Mais en admettant que les corpuscules soient le caractère indiscutable de la pébrine, comme le *Botrytis* l'est de la muscardine, il resterait à indiquer sous quelles influences cette maladie a pris la proportion d'une épidémie, après avoir été de tout temps à l'état endémique. L'étude de ces causes nous mettra sur la voie des moyens à opposer à ce fléau qui ruine l'une de nos plus belles industries agricoles.

Il ne faut pas perdre de vue, en effet, que la nature est régie par des lois immuables et permanentes, et que les fléaux sont la conséquence de l'inobservation de ces lois. Longtemps on a cru que les perturbations de l'ordre providentiel étaient des accidents ; mais il est facile de démontrer que les grandes épidémies qui s'abattent sur tous les êtres sont la conséquence de la violation des lois naturelles dont la connaissance n'est pas au-dessus des ressources de l'analyse. C'est donc à l'étude de la vie et de l'hygiène des êtres menacés qu'il faut avoir recours pour rétablir chez eux l'équilibre et l'harmonie.

2

Il n'est donc pas possible d'admettre, comme l'assure M. Pasteur, que la maladie actuelle des vers à soie n'est due qu'à la présence dans les œufs, la chenille ou la larve du *Bombyx Mori*, des corpuscules de Cornalia. Ces corpuscules ont été observés de tout temps; ils ne sont donc pas la cause, mais l'un des symptômes d'un mal dont le développement épidémique se rattache à des influences que nous nous proposons d'étudier.

I

HISTORIQUE DE LA MALADIE.

La pébrine n'est pas une maladie nouvelle. Olivier de Serres l'avait décrite sous le nom de *meurtrissure;* elle éclata en Provence en 1688, épidémiquement, et n'abandonna nos contrées qu'en 1710 pour envahir le Dauphiné. De là elle s'étendit en Italie, car en 1726 le comte Gabriel Verri, avocat général de Milan, réclama un dégrèvement d'impôts fondé sur la maladie des vers à soie, qui avait réduit les cultivateurs à arracher les mûriers. En 1749, l'épidémie reparut en France et la graine se vendit jusqu'à 20 francs l'once, ce qui équivaudrait actuellement au prix de 66 francs. A chacune de ces invasions on avait noté l'inégalité des vers (maladie des petits), le ramollissement des tissus (morts flats) et les taches sur la larve comme sur le papillon (noircissure, pébrine). Les Italiens ont désigné ce mal protéiforme sous le nom de *gattine.*

L'épidémie actuelle a commencé à se montrer dans le département de Vaucluse en 1845. L'Hérault et les parties basses du Gard et de la Drôme ont été affectés, à leur tour, en 1846 et 1847. Les meilleures cultures de l'Ardèche et de l'Isère en souffraient déjà en 1849 ; les montagnes de l'Ardèche étaient envahies elles-mêmes en 1850, et les plus belles magnaneries des Cévennes en 1851. Depuis cette époque l'envahissement a été général : en 1855 la mortalité emportait des chambrées entières ; cependant les petites éducations faites avec tout le soin convenable se maintenaient avec un rendement industriel de 1 kilogramme à 1^{kil},500 de cocons par gramme d'œufs mis en éclosion, tandis que les grandes éducations étaient ravagées de manière à décourager les éleveurs et à ruiner les départements producteurs de la soie ; aussi, comme aux précédentes invasions, on se mit à arracher les mûriers.

Plus persévérants, d'autres cultivateurs employèrent, à la recherche des moyens de guérison, une énergie que des échecs trop répétés n'ont pas encore découragée. Les travaux des savants nationaux et étrangers tendant à démontrer que l'épidémie se propageait par les germes existant dans les œufs issus de papillons malades, nos éducateurs tournèrent leurs vues vers l'introduction de graines provenant de régions jusqu'alors préservées. Le commerce en demanda à la péninsule Ibérique, à l'Italie et surtout au Milanais; puis à la Grèce, à la Turquie d'Europe, à la Syrie, enfin aux provinces transcaucasiennes de la Russie, à Noukha, où se trouvait la race milanaise pure de toute contamination. Mais à mesure que les négociants pénétraient dans les pays qui s'étaient maintenus sains, la fièvre de spéculation s'emparant des sériciculteurs, les poussait à produire de la graine dans des conditions défavorables; et si l'importation réussissait la première année, elle échouait les années suivantes, les graines produites sans discernement et hors de proportion avec les ressources locales ne donnant que des produits faibles et incapables de résister aux causes de dégénérescence.

Des pays d'Europe, de hardis explorateurs, MM. Castellani et Freschi, s'avancèrent jusqu'en Chine : ils étudièrent sur place l'éducation des vers à soie et surtout la production de la graine, et ils établirent que la méthode chinoise est toute artificielle et s'éloigne complétement de l'éducation naturelle en plein air, car elle se fait dans des lieux clos à l'abri des intempéries et de la lumière solaire; de plus elle applique la chaleur à une certaine période et emploie le charbon et la chaux contre l'humidité. Toutefois, par des soins méticuleux et traditionnels plutôt que raisonnés, les Chinois neutralisent la plupart des mauvaises influences d'une hygiène mal entendue.

En 1863, le Japon ayant été ouvert aux transactions européennes, un certain nombre de cartons d'œufs de vers à soie furent, sous les auspices de M. Drouyn de Lhuys, introduits en Europe. C'est M. Berlandier qui eut le mérite de cette acquisition dont une partie fut expédiée, par les soins de M. Duchesne de Bellecourt, par voie de mer, l'autre directement importée par M. Berlandier, qui eut l'incroyable énergie de traverser en plein hiver et malgré des froids de 38° Réaumur, la Chine, la Mongolie et la Sibérie, pour soustraire sa précieuse conquête aux chances défavorables de la navigation.

Ces graines, mises en éclosion en 1864, donnèrent d'excellents résultats; quelques cartons produisirent jusqu'à 45 et 50 kilogrammes de cocons. Une nouvelle introduction, faite par M. Berlandier en novembre 1864, confirma l'espérance que le Japon fournirait à la sériciculture européenne les moyens de se régénérer. Malheureusement, l'année suivante, les Japonais surexcités par le haut prix des achats de graines de 1864, ne s'attachèrent plus à la reproduction avec le même soin et le même scrupule dont ils usaient avant cette époque. Autrefois, en effet, ils faisaient, pour la consommation indigène, un choix des cocons reproducteurs, et n'opéraient que dans les contrées les plus favorables, notamment à Yéso, dont le ver est fort robuste et d'une race presque sauvage, et à Osioû, dans la principauté de Schendaï.

En 1865, pour répondre à la demande croissante et approvisionner le marché, les Japonais se mirent à faire de la graine avec tous les cocons, sans distinction et dans toute localité, même à Hastiodji, près de Yokohama, où jamais, à cause de l'humidité du pays, il n'avait été fait de graine. Il y eut donc de nombreux mécomptes, et l'enthousiasme pour les graines du Japon baissa proportionnellement aux insuccès, parce que l'on ne comprit pas la cause de la différence entre les deux séries d'introduction.

La sériciculture avait donc tourné dans un cercle vicieux : après avoir exploité tous les centres de production, après avoir eu recours aux provenances les plus difficiles et les plus lointaines, elle était réduite à aborder le problème de la dégénérescence du ver à soie, qu'elle avait tenté de tourner plutôt que de résoudre, en demandant des graines de bon aloi aux pays jusqu'ici préservés (1).

Il ressort, ce nous semble, de l'exposé sommaire de l'historique de la pébrine, que la propagation de cette maladie dépend du peu de soin donné à la production de la graine, de l'extension inconsidérée des grandes exploitations industrielles et de la négligence de l'hygiène naturelle, dont il faut se rapprocher le plus possible dans les éducations en domesticité.

Un aperçu de l'importance de l'industrie séricicole fera, du reste, mieux comprendre les efforts considérables continués jusqu'à nos jours, soit par les particuliers, soit surtout par le gouvernement, pour arrêter la marche du fléau.

Avant 1789, la production annuelle des cocons s'élevait à 6,500,000 kilogrammes, d'une valeur de 16,500,000 francs.

Pendant la République et l'Empire, la production oscille entre 3,500,000 et 5,150,000 kilogrammes, d'une valeur de 10 à 17 millions de francs. De 1815 à 1835, la production s'élève de 5 à 15 millions de kilogrammes, et la valeur de la récolte de 17 à 54 millions. Les besoins de l'industrie de Lyon impriment à la production un essor toujours croissant, et malgré la maladie, l'année 1853 produit 26 millions de kilogrammes de cocons, d'une valeur de 130 millions. En 1847, la valeur de la production était de 150 millions, presque autant que le sucre et le fer, et celle de la manufacturation était de 160 millions. Mais notre pays qui, en 1846, ne tirait de l'étranger que 814 kilogrammes de graines, en faisait venir,

(1) C'est vers le Chili que nos sériciculteurs tournent leurs espérances pour la campagne actuelle.

en 1853, 24,000 kilogrammes, qu'il payait à raison de 15 à 60 francs les 100 grammes, suivant la confiance qu'inspirait la provenance. La graine achetée cette année représentait le chiffre de 26 millions de francs (1). En 1859, Lyon seul a importé pour 92 millions de cocons ou de soie de Chine. Nous sommes donc en présence d'une industrie fondamentale.

II

DESCRIPTION DE LA MALADIE

Connue sous le nom de *gattine* chez les Italiens, d'*étisie* ou *atrophie*, de *tache* ou *meurtrissure*, enfin de *pébrine* en France, la maladie des petits offre pour caractères constants des taches ou pétéchies, d'une couleur roussâtre, de dimensions variables, commençant à se manifester, le plus souvent, le long des stigmates, orifices respiratoires qui sont placés près des pattes, des deux côtés de la face inférieure de l'animal.

Microscopiques au début, ces points roussâtres vont s'élargissant et se multipliant en même temps que leur coloration se fonce et devient plus visible et déprimée. C'est là le premier degré de la maladie, pendant lequel l'animal continue de manger, mais avec plus de mollesse. Cette première période dure environ deux jours.

Dans une deuxième période, les taches s'étendent en largeur, sont déformées, variables, passent au brun, et envahissent d'abord un ou deux anneaux du ver, puis la totalité de l'animal, qui se raccourcit et s'amincit. Il cesse de manger et meurt du quatrième au cinquième jour.

Dès le deuxième jour, les déjections sont changées : au lieu de crottins secs et moulés que donnait l'animal, il ne rend plus qu'une matière sans forme, à peu près liquide, collante et d'une couleur roussâtre. Un liquide noirâtre sort de sa bouche et peut être considéré comme le produit d'un vomissement. Les parties du corps non atteintes par les pétéchies ont une couleur gris terne, analogue à celle d'une toile non blanchie.

Un deuxième caractère extérieur constant est l'inégalité des vers ; un certain nombre des individus d'une éducation deviennent faibles, n'accomplissent pas leurs mues et restent petits, d'où le nom de morts flats, de maladie des petits.

Les jeunes vers ne sont pas atteints dès le début des éducations. En général, les trois premières phases de leur existence ne sont signalées

(1) Rapport de M. Dumas sur l'industrie de la soie, 1853.

par aucun accident; mais vers la quatrième mue, la maladie éclate et devient assez grande pour emporter les quatre cinquièmes des chambrées.

Ceux des vers à soie qui, ayant seulement des germes de l'infection, accomplissent toutes les phases de leur existence, ne donnent que des cocons faibles en poids, et des papillons à gros abdomen, à ailes courtes et maculées, à pattes rabougries et contournées.

On ne s'est pas contenté d'observer ces symptômes apparents et extérieurs : des savants ont étudié les altérations des liquides, et complété par de curieuses investigations l'histoire de la pébrine.

Les ramifications trachéales, en s'épanouissant, se relient à des canaux ou des vésicules remplies de globules, menus, sphériques, ovoïdes, et de gouttes huileuses, dont l'ensemble constitue le corps gras qui double intérieurement les téguments du ver.

Les globules ovoïdes se développent en plus ou moins grand nombre, dans les vers pébrinés. Égaux en volume, ces corpuscules sont rares dans les vers sains, mais on les trouve constamment dans la chrysalide. Lorsque les corpuscules ovoïdes se sont infiniment multipliés, les globules sphériques ont en grande partie disparu ; les gouttes huileuses, au contraire, sont devenues fort nombreuses. Le docteur Ciccone, qui a fait une étude spéciale de ces corpuscules ovoïdes, dit que, même lorsque le ver est sain, ils se montrent dans la chrysalide et le papillon.

M. Cornalia, de Milan, décrivant ces corpuscules, qu'il a vus animés d'un mouvement d'oscillation ou de vibration, a cru devoir faire de leur présence ou de leur absence un moyen de reconnaître la qualité de la graine.

D'après le docteur Ciccone, les globules ovoïdes seraient le produit de la transformation des mêmes globules, qui disparaissent à mesure que les premiers se montrent ; ils ne se produiraient donc que dans le corps gras, et n'existeraient pas dans les canaux excréteurs de la soie où Vittadini, combattu par le docteur Montagne, prétend les avoir observés.

Les mouvements attribués par le professeur Cornalia aux corpuscules ovoïdes est contesté par le docteur J. de Seynes, qui met en garde contre les illusions d'optique, et croit que l'oscillation est de règle dans la manière d'être des infiniment petits. M. Jeanjean, du Vigan, n'a jamais pu observer le mouvement des corpuscules soumis à un grossissement de 480 diamètres.

Quelle est la nature des corpuscules de Cornalia?

D'après MM. Ciccone, de Quatrefages, Montagne et Robin, ces corpuscules constituent un élément organique du ver à soie, puisqu'ils se rencontrent aussi bien chez les vers bien portants que chez les vers malades. Seulement la génération prématurée de ces corpuscules, qui ne doivent se montrer que dans la chrysalide et le papillon, serait le signe d'une vieillesse anticipée du ver, et par conséquent de sa maladie.

MM. Guérin-Méneville, Morren, de Plagniol, Robinet, rattachent ces corpuscules au règne animal : ils les considèrent comme des hématozoaires, des vibrions ou des débris de vibrions.

M. Joly a trouvé dans les vers malades des vibrions (*Vibrio Aglaiœ*), des Bactéries et des corpuscules oscillants. Ces produits morbides seraient constitutionnels et occasionnés par la maladie loin d'en être la cause.

MM. Lebert, Émile Nourrigat, Balbiani, voient dans les corpuscules une algue unicellulaire, un champignon, une psorospermie.

MM. le docteur Chavannes et Cornalia croient que les corpuscules sont des cristaux d'urate et d'hippurate d'ammoniaque.

MM. Vittadini, Balsamo, Pasteur, sans se prononcer sur la nature de ces petits corps, ont admis qu'ils étaient des éléments morbides, ou des organites analogues aux tubercules.

MM. Béchamp, le Ricque de Mouchy, croient que les corpuscules sont des parasites de nature végétale, analogues aux ferments, venant de l'extérieur de l'œuf et du ver, et dont l'invasion est due à des causes diverses, directes ou prédisposantes.

Quelle que soit du reste l'opinion des observateurs sur la nature et l'origine de ces corps, tous considèrent leur présence comme une preuve de l'existence de la maladie ; prenons acte toutefois de la réserve de M. de Quatrefages, qui, dans sa remarquable étude sur les maladies actuelles du ver à soie, dit que plusieurs vers, fortement pébrinés, ne présentaient aucune trace de corpuscules.

Une circonstance à noter dans l'étude de la pébrine, c'est qu'elle coexiste avec d'autres maladies, notamment la muscardine. Or, la pébrine, d'après les observations de M. Guérin-Méneville qui depuis a eté moins affirmatif, confirmées et développées par M. Balbiani, produit une altération acide des humeurs du papillon, ainsi que des œufs qui en naissent. Au contraire, les vers muscardinés donnent une réaction alcaline. Par conséquent, cette observation couperait court à la doctrine de l'antagonisme chimique et aux théories des maladies acides et des maladies alcalines, en tant que conduisant à des applications thérapeutiques, dont l'expérience a démontré l'incertitude et confirmé l'insuccès.

III

CAUSES DE LA MALADIE.

La pébrine a pris naissance dans des lieux bas et humides, le long des cours d'eau du bassin de l'Hérault, du Clain et de la Boivre, de la Durance, du Rhône, c'est-à-dire dans les lieux et expositions les moins favorables à l'éducation du ver à soie. Par une analogie qui vient naturellement à l'esprit, une maladie non moins ruineuse pour l'agriculture, l'oïdium, a commencé à Margate dans une serre chaude de l'Angleterre, c'est-à-dire dans les conditions les plus malsaines pour la vigne, d'une éducation artificielle et contre nature. Serait-il trop hardi d'en induire que la pébrine doit l'intensité qu'elle a pris depuis 1849 aux éducations industrielles, rendues hâtives par une température excessive.

Que des papillons *forcés* ainsi par une culture exceptionnelle aient donné des générations de sujets affaiblis, il n'y a dans ce fait rien d'anormal ni de contraire aux lois de la physiologie.

En effet, il est de rigueur, quand on veut fixer les caractères d'une race, d'en confier la continuation à des reproducteurs de choix; les agriculteurs savent bien récolter leurs graines pour semences sur les végétaux les plus parfaits de leurs cultures : Or, en opposition à ce qu'enseignaient ces exemples, on a procédé tout autrement avec le ver à soie; on a demandé des reproducteurs à des individus affaiblis par une culture hâtive, ou bien on a fait de la graine indistinctement avec tous les produits forts ou faibles d'une chambrée.

Considérons en outre que le premier besoin d'un animal, c'est un air pur et suffisamment renouvelé. Nous savons que malgré les progrès de l'hygiène et la sollicitude de l'administration des hospices, les grandes agglomérations prédisposent à un ordre de maladies désignées sous le nom de typhoïdes, et qui tiennent précisément à l'insalubrité, à l'encombrement. Comment donc les éducations industrielles échapperaient-elles à ces mauvaises influences, qui, même en dehors des épidémies, provoquent une mortalité considérable parmi les grandes chambrées, dont l'air est, quoi qu'on fasse, toujours incomplétement renouvelé, par conséquent plus ou moins vicié.

A ces causes, déjà fort intenses, il convient d'ajouter une autre cause non moins capitale, qui déjà avait été signalée par Olivier de Serres. Nous voulons parler de la maladie du mûrier.

Tant que l'éducation du ver à soie a été peu répandue, la culture du mûrier s'est faite dans les localités où elle était introduite par le défrichement; les fonds plus riches étant réservés aux anciennes cultures. Mais à mesure que le progrès du luxe poussa les campagnes à une production toujours croissante, le mûrier descendit des coteaux, dans la plaine, et vint étaler sa végétation luxuriante, mais lymphatique, dans les alluvions et le long des cours d'eau; on multiplia par la greffe les variétés donnant les plus grandes feuilles, et l'on ne s'aperçut que tardivement de l'erreur où l'on tombait, en donnant aux vers des feuilles épaisses, aqueuses et peu riches en éléments soyeux.

En même temps, et comme il arrive toujours par une loi d'équilibre providentiel, l'excès de la culture du mûrier eut son contre-poids naturel dans les attaques des insectes. Comme conséquence de l'affaiblissement qui en résulta, les feuilles du mûrier se couvrirent de taches, d'abord dans les localités les moins favorables à sa culture, puis à peu près à toutes les expositions et à toutes les altitudes. Ces taches, que M. de Plagniol a reconnues être des champignons microscopiques du *Fusisporium*, devaient introduire dans l'estomac des vers à soie des éléments nuisibles et prédisposant à une altération des humeurs (1).

Un rapport de M. Guérin-Méneville sur une exploration séricicole, accomplie par lui en 1858 en Suisse et en Italie, tend à établir que dans les localités élevées, où la vigne et le mûrier ne sont pas malades, la pébrine ne se présente jamais épidémiquement, quand les éducations sont faites avec des graines de provenance non suspecte.

M. Béchamp attribue à l'humidité des feuilles un rôle considérable dans la production de la maladie. Il va même jusqu'à considérer, comme cause étiologique principale, le mouillage des feuilles saupoudrées de corpuscules dont M. Pasteur signale la funeste influence dans sa récente communication à l'Académie des sciences (26 novembre 1866).

L'illustre chimiste J. Liebig donne une autre explication de l'influence d'une nourriture altérée dans ses éléments : il admet que par une culture trop prolongée dans le même lieu, le mûrier a épuisé le sol des sels dont il forme ses matériaux constitutifs; d'où il résulterait que la feuille ne contient plus les substances nécessaires à l'assimilation de l'insecte.

Cette doctrine a été combattue par Mme Cora Millet, qui vit chez elle, comme chez d'autres expérimentateurs, la maladie se propager parmi les vers à soie nourris avec les feuilles de mûriers plantés dans des terrains où jamais cette culture n'avait été pratiquée, et le traitement du mûrier, au moyen des engrais les plus riches et les plus variés, ne pas produire d'immunité sur les vers à soie nourris de leurs feuilles.

(1) Dumas, *Rapport de la Commission de sériciculture*, 1857.

« Toutefois l'influence de la qualité des feuilles reste hors de contestation ; M. Payan d'Anduze, propriétaire à Bouquet, où il élevait des vers à soie avec un succès qu'expliquaient ses soins intelligents, voulut en 1864 donner à ses vers de Bouquet, entre la deuxième et la troisième mue, la feuille précoce d'un jardin qu'il avait loué à Anduze. M. Payan s'aperçut que les vers en mangeaient à peine un quart, tandis qu'ils cosommaient avidement celle de son domaine. Il fit cesser les feuilles d'Anduze pour ne plus donner que de la feuille de Bouquet. Les vers se rétablirent, mais la chambrée (de 60 onces) n'en subit pas moins un dommage que M. Payan évalue à 15 ou 1,600 francs. »

Si à ces causes d'affaiblissements nous ajoutons les effets d'une longue domestication et d'une mauvaise hygiène, sur la constitution du ver à soie, on se rendra mieux compte de la persistance et de l'intensité du fléau qui nous occupe.

Le ver à soie est domestiqué en Chine depuis quarante-trois siècles (Stanislas Julien). Introduit en Europe en 550 sous Justinien, il était déjà fortement dégénéré sous l'influence de 3,000 ans d'éducation, dans des conditions toujours différentes de celles de la nature ; et nos éducations n'ont pas peu contribué à l'abâtardissement, par l'emploi de la chaleur artificielle et la privation d'air et de lumière.

Dans un mémoire publié par le *Journal de la Société d'acclimatation de Berlin*, le capitaine Hutton qui a étudié avec beaucoup de soin le problème de la guérison et de la régénération du ver à soie, affirme qu'il n'en existe plus une seule race absolument saine. Il se fonde sur la couleur blanche des vers très-différente de la coloration primitive qui est grise, car, du temps de Justinien, on décrit les vers à soie récemment introduits comme ayant une couleur jaunâtre ou blanc grisâtre.

Presque toutes les grandes chambrées offrent quelques vers de couleur plus foncée que l'on désigne sous le nom de tigrés ou zébrés, et que l'on considère comme des variétés produites par la domestication. Le capitaine Hutton partant de l'observation de cette loi naturelle qui fait apparaître, dans les races d'animaux domestiques menacées de s'éteindre, des individus sains et vigoureux que l'on peut utiliser pour leur régénération, est d'avis que ces vers de couleur plus foncée sont un retour à la coloration primitive de l'espèce.

Ce qui tendrait à justifier ce point de vue, c'est que les vers gris sont plus robustes que leurs congénères blancs ; c'est un fait d'observation que justifient les essais personnels du capitaine Hutton et les observations du docteur Sacc et de M. Valée, gardien de la ménagerie des reptiles au Muséum, dont on connaît les intelligentes éducations de vers à soie.

Il est de notoriété, dit M. Boitard, que les éducations sont d'autant meilleures qu'il s'y trouve davantage de chenilles foncées. Ce savant ajoute que les vers tigrés sont plus communs dans les éducations du nord de la France qu'en Italie, où la température des magnaneries trop élevée affaiblit la constitution des vers. Enfin, les vers tigrés filent des cocons jaunes ou verdâtres.

A la suite de plusieurs éducations par sélection, où il s'était attaché aux reproducteurs provenant de vers de couleur grise, le capitaine Hutton remarqua que les vers qui devenaient malades étaient blancs, tandis que les chenilles grises étaient plus fortes, plus robustes, filèrent des cocons plus gros et pondirent des œufs irréprochables. Enfin les papillons mâles qui sortirent des cocons s'envolaient et allaient chercher leurs femelles d'une table à l'autre, souvent à l'autre bout de la chambre, tandis que ceux des chenilles blanches sont en général trop paresseux pour s'envoler.

Le capitaine Hutton établit, très-physiologiquement, que ce qui a miné la constitution du ver à soie, c'est surtout l'aération très-incomplète des locaux, l'élévation de la température des magnaneries et la qualité des feuilles du mûrier cultivé : pour lui la couleur blanche actuelle du ver à soie serait une sorte d'albinisme.

Comme confirmation de ses idées sur le rôle du ver tigré dans l'œuvre de régénération de l'industrie séricicole, disons que M. le professeur Cornalia, d'accord avec M. André Jean, considère la variété tigrée comme fixe et capable de se transmettre sans altération. M. de Saulcy, président de l'Académie de Metz, a noté la rusticité supérieure des vers colorés (juillet 1866). M. Guichard, régisseur du domaine de l'Ouady (isthme de Suez), a remarqué après trois années d'éducations heureuses, que les cocons jaunes ont, en général, une supériorité marquée sur les blancs (17 mai 1864), et M. le marquis de Ginestous, président du comice du Vigan, a su conserver et améliorer de 1861 à 1866 une jolie race à cocons jaunes qu'il avait trouvée d'une rusticité remarquable, aux environs de Perpignan. M. le professeur Maurice Girard, du collége Rollin, pense que le jaune est la couleur primitive du cocon.

Ce qui vient à l'appui de cette doctrine, c'est que M. André d'Anduze, dans toutes ses éducations, d'une belle race blanche de Normandie (Sina croisée avec Annonay), a remarqué quelques cocons jaunes sans pouvoir attribuer leur présence à l'introduction fortuite de graines ou de vers d'une autre race ; cette particularité se montre dans les éducations de laboratoire de magnanerie ou de plein air. Notons que les vers qui résistent au plein air prennent une couleur *gris cendré*, tandis que ceux de la même race élevés en magnanerie sont d'un *blanc mat*.

IV

NATURE DE LA MALADIE.

Éclairé par cette analyse, nous ne saurions admettre avec M. de Quatrefages que la pébrine soit due à une influence spéciale qu'il faille étudier et combattre indépendamment des circonstances étiologiques que nous venons d'énumérer.

M. de Quatrefages dit que la maladie ne résulte pas de l'altération de la feuille du mûrier, car dès les premiers essais d'éducation, en France, du *Bombyx Yama-maï*, ver à soie du chêne, la pébrine a été constatée sur cette race qui ne se nourrit pas de la feuille du mûrier.

Les observateurs qui ont rendu compte de la maladie du *Bombyx Yama-maï*, sont MM. J. Pinçon à la magnanerie du Jardin d'acclimatation, à Paris, Auzende à Toulon, Ligounhe à Montauban, Grossman à Aarbourg (Suisse), et madame Boucarut à Uzès.

Mais il ne faudrait pas se hâter de conclure avec M. de Quatrefages à la spécificité de la pébrine. Le Yama-maï n'a pas encore été domestiqué. Or une longue domestication assouplit incontestablement une race aux influences spéciales de l'éducation artificielle. Les premiers essais d'acclimatation, au contraire, trouvent des obstacles très-difficiles à surmonter dans la résistance des animaux habitués à la vie libre ; c'est ainsi que nous voyons les animaux sauvages réduits en captivité, très-aptes à contracter la phthisie, bien qu'entourés de plus de soins que les animaux ralliés à l'homme depuis longtemps, et élevés autour de son habitation. Il faut donc moins s'étonner que la maladie qui sévit sur les bombycides ait atteint le *Bombyx Yama-maï*, surtout quand ce ver à soie sauvage a été élevé dans une atmosphère trop chaude.

En effet, les éducations qui étaient faites en plein air par MM. Chavannes à Lausanne, Gross à Zurich, De France à Nîmes, Tominz à Trieste, Frérot dans les Ardennes, n'ont pas offert trace de pébrine malgré les intempéries, froid et pluie ; une certaine humidité paraissait même augmenter la vigueur de ces vers et leur être si favorable, que ces éducateurs ont été conduits à arroser les feuilles de chêne avec une pompe à fine aspersion pour imiter la pluie ou la rosée.

La pébrine est-elle une maladie parasitaire, comme l'admet M. Béchamp? En admettant l'affirmative, il resterait à expliquer pourquoi le parasitisme envahit le ver à soi épidémiquement, dans certaines conditions, et endémiquement dans d'autres, et il ne serait possible de donner la raison de l'immunité ou de l'invasion, qu'en tenant compte du plus ou moins de résistance du ver, et par conséquent, de sa prédisposition, de son état de santé.

On pressent par cette observation, que pour nous la pébrine n'est pas une maladie contagieuse. Les expériences de MM. Guérin-Méneville, de Quatrefages, Emile Nourrigat, mettent ce fait hors de contestation. Un rapport fait à la Société d'agriculture de Nice, le 15 juin 1866, sur une éducation de vers à soie japonais, constate que le voisinage immédiat de vers du pays infectés n'a pu altérer la vigueur des Japonais. Disons toutefois que des éducateurs consciencieux croient à la contagion ; mais ce n'est que par abus de termes. Nous n'admettons la contagion que par le contact : or c'est une contagion à distance, c'est-à-dise une infection, un empoisonnement miasmatique qu'entendent les contagionistes, et sur ce point ils ont raison, mais pas autrement.

Mais la maladie est transmissible, héréditaire ; elle peut se communiquer, ainsi que l'a constaté M. Pasteur, par l'ingestion, dans les voies digestives, des corpuscules de papillons pébrinés.

C'est ce qui explique et les insuccès par les grainages faits avec des chambrées malades, et la nécessité d'avoir recours, soit à des graines provenant d'individus sains, soit à des importations d'œufs tirés de pays jusqu'ici respectés. M. Béchamp critiquant les conclusions du récent mémoire de M. Pasteur (novembre 1866), considère le mouillage des feuilles saupoudrées de corpuscules, comme indispensable pour exciter la fermentation au sein de ce qu'il croit être des parasites végétaux, l'absence d'eau sur les feuilles corpusculées coïncidant avec une innocuité absolue de ces corpuscules.

V

TRAITEMENT DE LA MALADIE.

Nous avons accordé à l'exposé des recherches des savants micrographes une part assez large pour n'être pas suspecté de vouloir en amoindrir la valeur ; mais il convient de ne pas perdre de vue que les conseils donnés par ces savants n'ont d'autre but final que de mettre à la portée des cultivateurs les moyens plus ou moins pratiques de distinguer la bonne graine d'avec la mauvaise. Il est donc essentiel de tracer la marche à suivre pour améliorer la reproduction ; car si, comme la sériciculture en est menacée, on ne trouvait plus que de la mauvaise graine, même dans les pays dont la provenance est la moins suspecte, le Japon, par exemple, on n'aurait d'autre ressource que de constater qu'il faut renoncer à produire de la soie. Ce n'est évidemment point là le résultat cherché par les hommes de science qui consacrent au bien public leurs travaux et leurs veilles.

Les tentatives faites pour guérir la maladie des vers à soie peuvent se ranger sous deux chefs : 1° traitement chimique ; 2° traitement hygiénique.

1° *Traitement chimique.*

On peut dire avec M. Jeanjean, secrétaire du comice agricole du Vigan, que la pharmacopée des vers à soie est aujourd'hui presque aussi encombrée que celle de l'homme, et cependant le remède du mal est encore à trouver.

On a essayé, pour purifier l'air des magnaneries, diverses émanations gazeuses : l'ozone ou oxygène naissant, les vapeurs de chlore, les vapeurs nitreuses, les fumigations d'acide sulfureux, de vinaigre, d'ammoniaque, le émanations de goudron, de houille, le phénol sodique, les bitumes, les essences et les plantes aromatiques, et l'on est arrivé *a posteriori* à cette conclusion indiquée *a priori* par la science, que le moyen le plus simple et le plus efficace pour purifier les ateliers, c'est de les bien ventiler par l'aération directe, par les cheminées d'appel ; c'est de déliter souvent les vers, et de maintenir dans les chambrées une excessive propreté.

Dans la riche région séricicole dont le Vigan est le centre, on a essayé tous les moyens préconisés par la théorie et par l'empirisme : on a soufré les feuilles de mûrier, les vers à soie et les litières, on a arrosé avec une dissolution de sulfate de fer, et d'après le conseil de M. de Quatrefages, saupoudré la feuille avec du sucre ; on a expérimenté le procédé Onesti (application de la suie), on a répandu sur la nourriture du ver, la cendre de bois, la chaux et le charbon végétal, d'après la méthode chinoise ; l'ammoniaque, le vinaigre, le vin : toutes ces expériences renouvelées sur une échelle importante ont également échoué.

Nous avons mentionné les inutiles essais de traitement du mûrier par des engrais riches et variés ; ces échecs prouvent que le problème est autrement compliqué que ne le croient les guérisseurs. On n'improvise pas en effet, au moyen d'une ou deux formules, l'anéantissement d'un mal longuement préparé par le concours d'un grand nombre de causes délétères et ayant lentement agi. C'est par l'action combinée de toutes les ressources de la science que l'on peut rendre la santé à une race abâtardie par des pratiques vicieuses, par une hygiène mal entendue.

2° *Traitement préventif.*

S'attacher à prévenir la maladie vaut mieux que s'évertuer à la médicamenter. Nous insisterons en conséquence sur les moyens les plus rationnels recommandés pour maintenir le ver à soie en bonne santé. La nourriture est pour beaucoup dans l'équilibre des fonctions, le choix du mûrier qui doit la fournir a donc une grande importance.

Trois espèces de mûriers sont cultivées en Europe : la principale est le mûrier blanc et ses nombreuses variétés ; le mûrier noir, le premier introduit en Europe, et le mûrier multicaule.

Les mûriers aiment les endroits élevés et bien abrités au midi ou au levant ; avec un terrain léger, graveleux, bien drainé, ils donnent des feuilles tendres, nourrissantes et pleines de sucs laiteux ; dans les terrains humides ou dans les sols d'alluvion, il donne des feuilles larges, gorgées d'eau, pauvres en sucs et nourrissant mal les vers à soie.

Les mûriers greffés devront donc occuper les stations de prédilection ; il faudra réserver les fonds et les sols humides aux plantes de semis ou sauvageons, dont la feuille plus petite et le tempérament plus robuste s'accommodent mieux d'un terrain moins favorable.

Le mûrier à fruits noirs paraît convenir aux régions élevées et froides. Le capitaine Hutton s'en loue dans la station hymalayenne de Mussooree. Chose remarquable, en Portugal, en Calabre, en Sicile, en Grèce et en Espagne, où on le retrouve en grandes proportions, le ver à soie semble avoir mieux résisté au fléau, peut-être parce que, riche en sucs laiteux, cette espèce procure une soie forte et même un peu grossière.

Le mûrier multicaule est préférable pour les éducations annuelles multiples que nous repoussons pour notre région séricicole.

Il est très-important de tailler les mûriers avec modération. Les habitants de la province de Grenade ne taillent jamais leurs mûriers et leur soie est la plus fine de toute l'Espagne. Nous préférons de beaucoup cette méthode qui se rapproche de la nature, à la méthode turque qui consiste à receper annuellement le mûrier et à le traiter comme un saule. Cette méthode a été préconisée comme permettant de donner aux vers à soie la feuille adhérente au rameau. Mais avec des délitements convenables, le tassement de la feuille, cueillie comme on le fait en France, n'est pas à redouter, et la taille radicale ne donne que des feuilles gorgées de sucs aqueux et mal élaborés.

Ce qu'il faut au ver à soie, après une bonne nourriture, c'est un air pur et constamment renouvelé. On doit se préoccuper, dans l'établissement d'une magnanerie, d'une localité un peu élevée, ventilée par des courants énergiques. L'orientation doit être du nord au sud avec la grande façade à l'est, percée de nombreuses fenêtres. Les tarares, les cheminées d'appel, viendront au besoin en aide à la ventilation de l'édifice, surtout lorsque les vents régnants sont chargés d'humidité et d'électricité négative (*touffe* des méridionaux). Mais on ne doit pas oublier que, si les éducations faites dans de grands établissements procurent des gains considérables, parce que, dans les chambrées grandioses, les frais généraux croissent moins que l'augmentation du produit, on y est plus exposé à l'affaiblissement des races et aux épidémies foudroyantes. Il s'agit en effet ici d'un être vivant, ne se pliant pas comme une matière inerte aux exigences manufacturières. On sait que les Chinois n'ont pas de magnaneries : ils font des éducations de ménage, en petit, sous des hangars, avec de très-grands soins pour maintenir la pureté de l'air. M. de Quatrefages a remarqué, dans les Cévennes, que les éducations qui ont le mieux résisté au fléau sont celles qui sont installées dans les locaux rustiques préconisés par Boissier de Sauvages ; des étables, des cabanes à sécher les châtaignes, qui se ventilent naturellement par le toit, les murs, les joints incomplets des portes et des fenêtres.

De cette observation aux éducations d'après la méthode turque ou en plein air, il n'y avait qu'un pas : des essais ont été faits dans cette voie, avec des succès variés.

On se rappelle l'éducation que fit en 1858, à Milan, M. le maréchal Vaillant sur quarante ou cinquante vers. A son exemple, M. le comte J. Taverna fit, en 1860, une éducation en plein air qui réussit merveilleusement puisque les vers n'offrirent pas trace de pébrine et qu'au grainage, il obtint, par kilogrammes de cocons, environ 96 grammes d'excellents œufs, rendement supérieur à celui qu'indique M. André Jean comme *maximum* de son procédé.

M. Chavannes, professeur de zoologie à Lausanne, croit que l'élevage en plein air peut régénérer les vers à soie. Cette opinion, que partage M. le docteur Sacc, semble confirmée par les éducations en plein air, faites à Montpellier par M. le professeur Martins. Dès la troisième génération des vers élevés sur des mûriers, le savant expérimentateur a vu les mâles recouvrer le vol que ne pratiquent plus les mâles des races dégénérées.

D'autres éducations en plein air faites par MM. Marès, Charrel, de Quatrefages, Coupier, échouèrent plus ou moins. Mais ce dernier, observateur fort intelligent, nous a avoué qu'il attribuait son insuccès à la mauvaise qualité de la graine.

C'est à la même cause qu'il faut attribuer l'invasion par la pébrine, des buyucklis, vastes hangars d'éducation, parfaitement aérés, qui servent de magnaneries dans les pays turcs. Il est donc indispensable de n'opérer que sur de bonnes graines.

« MM. Rollin et André d'Anduze s'étant procurés une belle race de cocons blancs élevés en Normandie, dirigent depuis quatre ans des éducations en plein air de cette race. Ils soustraient, par des enveloppes en gaze ou une cage métallique, les vers posés sur les arbres aux attaques des oiseaux. Ceux qui résistent aux influences atmosphériques acquièrent une vigueur, une robusticité qui manquent à ceux élevés en magnanerie. »

Évidemment ce n'est pas aux éducations hâtives qu'il faut avoir recours pour obtenir des reproducteurs de choix ; c'est à l'emploi des hautes températures qu'on doit attribuer en partie la débilitation des races européennes, et la physiologie nous enseigne que le ver à soie soumis aux influences alternatives de la chaleur et du froid, correspondant à l'alternance du jour et de la nuit, sera plus apte, après quarante jours d'existence, à accomplir les transformations qui doivent amener la production d'une bonne graine, que celui dont toutes les phases seront précipitées et terminées en trente jours par une chaleur continue et trop élevée.

Toutefois il ne faudrait pas proscrire absolument sous nos climats l'emploi de la chaleur, et il convient au moment des mues de ne pas laisser la température descendre au-dessous de 16 degrés, les vers à soie éprouvant pendant ces crises un notable refroidissement de la surface du corps, ainsi que l'a constaté M. Maurice Girard, au moyen d'appareils thermométriques.

Il est du reste à remarquer que le ver à soie est, moins qu'on ne le croit, sensible aux variations de la température : M. Riondet, le savant agronome d'Hyères, dit qu'il a vu souvent des vers, jetés avec la litière, rester pendant un ou deux jours exposés sans nourriture au vent et à la pluie, puis recueillis et alimentés, reprendre toute leur vigueur et donner d'excellents cocons, tandis que ceux élevés à l'abri, dans un air vicié, mouraient en très-grand nombre.

La propreté est donc une condition essentielle de santé pour les vers à soie, et l'on y parvient aisément par les délitements renouvelés au moyen des filets ou des papiers percés. On comprend dès lors la pratique chinoise de l'emploi du charbon, de balles d'avoine et de chaux éteinte, dont l'action utile consiste à absorber les gaz délétères et à diminuer l'excès de l'humidité de l'atmosphère. On peut avoir recours utilement dans ce double but à l'emploi de la chaux vive répandue sur le sol, et de l'acide phénique en lotion sur les murs des magnaneries.

Nous recherchons autant que possible dans les moyens que nous conseillons ceux qui se rapprochent le plus des conditions biologiques naturelles. A ce titre les précautions recommandées par M. Coupier, pour le grainage, nous paraissent dignes d'être fidèlement suivies.

A l'état sauvage, le ver à soie établissait son cocon dans les menues et hautes branches du mûrier, en l'entourant de fils grossiers entrecroisés, désignés sous le nom de *bave*, servant d'attache solide. M. Coupier en a conclu que ce que recherchait surtout la chrysalide pour accomplir convenablement sa métamorphose, c'était l'immobilité. Aussi recommande-t-il de laisser le cocon livrer passage au papillon reproducteur, sans lui imprimer aucun mouvement, à partir du moment où il a été fixé aux claies ou à la bruyère. A mesure que les vers se préparent à monter, il les porte dans une pièce spéciale et obscure, le ver à soie étant un insecte nocturne, et si parmi les cocons en voie de formation il en observe d'imparfaits ou de doubles, il a soin de les supprimer. La sélection se fait donc sur place, et il ne détache pas les cocons de la cabane. La chrysalide conserve donc la position qu'elle a prise d'instinct et qui doit être la plus convenable, et comme elle n'éprouve ni secousses ni déplacement, elle accomplit sa transformation en papillon de la manière la plus satisfaisante. M. Coupier attribue à cette méthode le succès qu'il avait obtenu dans le grainage, et comme elle est conforme à la nature des choses, nous partageons entièrement sa confiance et sa manière de voir.

Cette méthode n'exclut pas du reste les moyens de sélection, recommandés par André Jean, le pasteur Fraissinet et le capitaine Hutton.

M. André Jean attribuait à la consanguinité une influence décisive sur l'altération des races. Son procédé de croisement qui fut l'objet d'un rapport approbatif de M. Dumas, en 1857, lui avait permis de créer une belle race, et il choisissait ses reproducteurs parmi les cocons les plus beaux. Malheureusement les espérances qu'il avait fait concevoir ne se réalisèrent que momentanément ; on reconnut bientôt que si les unions consanguines entre parents malades exagèrent chez leurs descendants les prédispositions morbides et par conséquent les chances d'abâtardissement, elles sont sans danger chez les individus sains. Cette opinion est celle de M. Guérin-Méneville dont l'autorité, en matière de sériciculture, est incontestable, et M. Chavannes, qui fait sa graine et améliore sa race italienne de Brianza en choisissant les meilleurs cocons, ne se préoccupe nullement de la consanguinité.

M. le pasteur Fraissinet recommande les moyens de sélection qu'employait M. André Jean. Il séparait les vers robustes qui montaient les premiers à travers les filets ou papiers troués, d'avec les vers malingres qui restaient sur la litière ; puis il faisait son choix parmi les cocons les plus lourds, d'après cet axiome, que les meilleurs reproducteurs, pour chaque race, sont ceux chez qui l'harmonie existe dans tous les organes et qui donnent à la fois les meilleures chrysalides et les meilleurs cocons.

Du reste, si ce que nous avons dit de la rusticité supérieure des vers à la coloration grise ou foncée n'est pas une illusion, s'il est vrai que parmi les éducations de vers provenant de cocons blancs il se trouve, dans une certaine proportion, des cocons jaunes ou verdâtres, comme pour les provenances du Japon, il s'ensuivrait que, pour point de départ des améliorations que l'on peut réaliser, il faudrait s'attacher de préférence aux races de cocons colorés, et séparer, pour la reproduction, les vers tigrés parmi les chambrées provenant de ces cocons.

Une fois les papillons reproducteurs éclos, dans les conditions de repos et d'obscurité recommandées par M. Coupier, il convient de laisser l'accouplement se continuer, et de ne pas séparer violemment les sexes comme le font à tort certains éducateurs à l'imitation des Italiens. Les trois puissants crochets dont est armé l'appareil générateur du mâle prouvent la nécessité, pour une fécondation complète, d'un contact prolongé. C'est contrarier les vœux de la nature que de séparer les sexes avant douze heures de réunion. Si malgré les soins de sélection que nous avons indiqués, il se montrait des papillons faibles et à ailes avortées, on les rejetterait impitoyablement. Les femelles fécondées pondent leurs œufs sur des toiles ou des cartons, auxquels ils adhèrent en tombant.

Les œufs d'abord d'un jaune tendre passent en huit ou dix jours au jonquille, puis au gris roussâtre et au gris d'ardoise avec une légère dépression au centre.

Existe-t-il des moyens certains de distinguer les œufs sains d'avec les œufs contaminés ?

Nous n'examinerons pas les procédés de pesage imaginés dans le but de reconnaître la meilleure graine. Quant aux moyens de discerner la graine malade, dès 1862, M. de Chavannes indiquait pour reconnaitre la présence des corpuscules de Cornalia, qu'il croit être des cristaux d'acide urique ou hippurique, l'action du papier bleu de tournesol qui rougit au contact du liquide des œufs pébrinés.

C'est aussi aux réactions acides des œufs des papillons malades que M. Balbiani a recours pour éliminer les mauvaises chances des éducations. Cette méthode que M. Guérin-Méneville qualifie de trompeuse, serait évidemment plus facile que celle de M. Pasteur qui demande un œil et une main exercés dans l'usage du microscope. Les procédés de MM. Vittadini et Cornalia ne sont ni plus sûrs ni plus faciles à appliquer. M. Béchamp conseille le lavage des graines pour les débarrasser des corpuscules qui les recouvrent. Ce moyen ne serait efficace que si les corpuscules étaient toujours extérieurs ; mais que peut-il contre ceux qui existent à l'intérieur de l'œuf?

En résumé on voit, par cet exposé de la maladie du ver à soie, que la pébrine et son cortége d'affections similaires est loin d'être une maladie simple. Elle est, au contraire, dans une dépendance étroite avec une infinité de circonstances biologiques qui peuvent se formuler en ces termes :

Le ver à soie a dégénéré par des soins éloignant l'insecte des conditions naturelles dans lesquelles il vivait à l'état sauvage.

Il est possible de le ramener à la santé par une sélection intelligente des individus se rapprochant le plus du type primitif, et par une hygiène le plus en harmonie possible avec les lois immuables de la vie.

En rééditant notre Mémoire sur les maladies de la vigne, nous croyons utile de mentionner les approbations que ses doctrines ont trouvées parmi des savants accrédités.

Des témoignages flatteurs nous ont été donnés, soit directement, dans diverses publications périodiques et par lettres, soit indirectement par la concordance de vues et d'indications curatives, que nous avons constatées dans les écrits de MM. H. Marès, de Montpellier, P. Joigneaux et H. Trimoulet, de Bordeaux.

Les faits, surtout, viennent confirmer nos assertions de la manière la plus éclatante : nous avons dit que les vignes américaines prennent difficilement de boutures, et M. Planchon mentionne comme désirable le greffage des ceps américains sur l'aramon. — Que ce moyen de multiplication soit plus efficace, nous le concédons, mais il semble singulier de donner pour nourrices à ces sauvageons américains, nos vignes indigènes réputées incapables de résister au phylloxera.

Quant à la valeur des raisins américains, elle est complètement négative. Un agronome distingué de Montpellier, qui a dégusté les fruits de la collection de l'école de vignes, qualifie ces raisins des Etats-Unis d'*exécrables*. Nous avons nous-même, le 6 octobre, en séance du Comice de Toulon, vérifié sur une collection de raisins américains envoyés par M. Pulliat, que ceux provenant des cépages réputés les plus résistants au phylloxera ont des saveurs étranges de framboise, de fraise ou pis encore, tandis que les grappes à saveur neutre, purement sucrée ou légèrement musquée, proviennent de vignes aussi peu résistantes au parasite que nos espèces européennes. Pouvons-nous espérer faire avec ces détestables raisins, du vin potable, et que ferons-nous de ces vendanges quand elles produiront, si tant est qu'elles arrivent à bien dans nos vignobles ?

Toulon, 10 octobre 1874.

VIGNE

De formidables maladies s'attaquent successivement aux sources les plus fécondes de notre production agricole. Hier, c'était le ver à soie, aujourd'hui c'est la vigne qui est menacée.

Donc c'est à bon droit que savants et praticiens se sont émus et se sont mis à l'œuvre avec une ardeur que surexcitent la récompense promise par l'État, mais surtout le dévouement pour tant et de si graves intérêts en souffrance.

Mais le zèle ne suffit pas pour cette tâche ardue et compliquée, le bon vouloir ne supplée pas à la science. Si l'on parvenait à diriger méthodiquement les efforts incohérents qui se produisent de toutes parts, et n'aboutissent qu'à une profusion de formules, à une stérile abondance de panacées, on ouvrirait la carrière à une solution rationnelle, l'émulation trouvant une issue dans une voie jalonnée, aurait enfin raison de ces redoutables fléaux.

Ce qui a manqué jusqu'ici aux savants, c'est de rester fidèles aux principes qu'ils n'auraient jamais dû perdre de vue ; ce qui a fait défaut aux praticiens, c'est de posséder des notions suffisantes de physiologie et d'hygiène.

De part et d'autre, en effet, on semble oublier que la vigne est un être vivant, par conséquent soumis à certaines lois, et que le fait de la violation de ces lois doit entraîner fatalement son dépérissement et sa mort.

Ce que nous voyons se produire actuellement pour un végétal, nous l'avons observé naguère pour un animal, le ver à soie. Il y a douze ans, notre voix s'éleva pour rappeler que la guérison de ce précieux insecte n'était qu'une question d'hygiène. Il y avait, à cette époque, un certain courage à soutenir cette doctrine, car l'engouement microscopique était alors à son apogée, et il était admis que le praticien armé d'une loupe était maître de la maladie.

Aujourd'hui on est revenu à de plus saines appréciations sur le rôle du microscope. S'il est admis sans conteste que ce moyen d'observation est indispensable pour faire une sélection méthodique des reproducteurs et un bon choix des graines, il n'est pas moins avéré que, placés dans de mauvaises conditions de nourriture et d'aération, les meilleurs œufs donnent de détestables résultats.

Ce que nous essayâmes de démontrer pour le ver à soie, nous voulons le tenter aujourd'hui pour la vigne. Loin de nous la prétention d'être seul en possession d'une méthode scientifique. Nous ne sommes qu'un humble soldat dans un groupe où figurent avec autorité le très-regrettable Guérin-Méneville, MM. le baron Thénard, Dupont et Trimoulet (de Bordeaux), de Gasparin, H. Marès et beaucoup d'autres observateurs. Mais nous ne croyons pas que la doctrine esquissée dans une note présentée l'an dernier à la Société des agriculteurs de France, ait été coordonnée et synthétisée dans les termes où nous la formulons aujourd'hui.

La physiologie nous enseigne le mécanisme des fonctions des organes dans les êtres vivants. Par l'hygiène, nous connaissons les conditions favorables ou nuisibles au libre jeu de ces organes. Donc l'hygiène a pour but de replacer dans un milieu favorable, les êtres que l'inobservation de ses préceptes a jetés dans un état anormal appelé la maladie. Elle est par conséquent une partie essentielle de la médecine, et toute thérapeutique serait inefficace si l'hygiène était négligée.

Pour tout médecin philosophe, la maladie est l'avertissement donné par la nature aux êtres vivants, qu'ils ont violé les lois aúxquelles ils sont providentiellement soumis.

Étudions d'après ces principes comment et pourquoi la vigne est si gravement malade.

Un premier fléau était venu prédisposer le pauvre arbuste à l'invasion du phylloxera. Depuis près de trente ans, l'oïdium parti des serres anglaises avait ravagé presque tous les vignobles, et malgré d'énergiques et persévérants soufrages, nos ceps n'ont pas recouvré toute leur vigueur. Toutefois, la végétation aérienne, même lorsqu'elle était attaquée par le cryptogame, laissait intactes les racines, et la vigne, si elle ne donnait pas de récolte, continuait à vivre, étant pourvue de ses appareils d'absorption et de nutrition. Cette existence, il est vrai, devenait chétive et précaire, car une partie notable d'un organisme ne saurait être malade, sans entraîner dans le reste, des perturbations plus ou moins profondes.

Le phylloxera, au contraire, s'attaquant aux racines et les détruisant, cette nouvelle maladie entraîne fatalement la mort du végétal qui avait pu résister à l'invasion de l'oïdium.

Notons au préalable, que le cryptogame de Tucker attaquait de préférence les vignes à constitution délicate et respectait celles qui sont douées d'un vigoureux tempérament.

Cette circonstance, nous la retrouverons dans l'étude de la propagation du phylloxera. Elle justifie donc la démonstration que nous voulons donner, de l'affaiblissement de nos vignes comme cause prédisposante essentielle, à l'extension de ce fléau.

Depuis un demi-siècle, la culture de la vigne a pris un développement considérable, par suite du haut prix des vins. Elle est la seule rémunératrice, là où manquent, comme dans presque tout le Midi, les canaux d'arrosage et les eaux utilisables. Or, des côteaux où elle était primitivement cantonnée, et où elle se plaisait, aimant les sols pierreux et draînés naturellement, la vigne est descendue progressivement dans la plaine. Elle occupe aujourd'hui, même les alluvions et les sols argileux et compactes, inondés pendant l'hiver, crevassés pendant l'été, en un mot, reconnus expérimentalement les plus propres au cheminement du phylloxera.

Plantée même dans les localités les plus favorables, la vigne, dans le cours de sa longue existence, extrait du sol, par ses profondes racines, une grande quantité de substances minérales nécessaires à son entretien. Au bout d'une certaine période, elle en a soustrait surtout de la potasse, par les feuilles qu'emporte le vent et par les sarments que nous brûlons dans nos foyers. Nos cultivateurs se préoccupent-ils du soin de rendre cet alcali à la terre ? Nullement, et quelquefois, sans attendre qu'elle se soit reposée et de nouveau fertilisée par un long assolement, ils font revenir le même végétal sur un vignoble récemment arraché. Quoi d'étonnant dès lors que la nouvelle vigne végète misérablement dans ce milieu appauvri.

Mais on ne s'expliquerait point par cette unique cause l'invasion des fléaux dans des localités où la vigne n'avait jamais été cultivée. Ici l'affaiblissement proviendrait du mode de multiplication usité depuis les temps historiques.

Les documents les plus anciens mentionnent la bouture et la marcotte comme modes uniques de plantation de la vigne. Or, le plant nominalement jeune, d'un vignoble nouvellement créé, est vieux en réalité de 2,000 ans, puisqu'il ne fait que continuer à travers les siècles, qu'un seul et même individu. On comprend dès lors que, malgré le choix des crossettes, le cultivateur conserve et fixe par le bouturage, les maladies et les prédispositions acquises pendant les phases continues d'une seule individualité. Une première cause d'affaiblissement peut s'aggraver par de longues erreurs de culture. Ainsi s'explique la destruction des nouveaux plantiers. La jeune bouture n'a que des racines ou peu nombreuses ou superficielles; elle ne saurait donc résister aussi bien que la vieille vigne, qui plonge profondément dans le sol, ses nombreuses et puissantes racines.

Cet épuisement héréditaire par la série indéfinie des bouturages est admis par M. H. Marès. Nous tenons d'un très-habile viticulteur, M. Meunier, qu'il a perdu 80 hectares de jeunes vignes plantées dans la Crau d'Arles, sur un sol vierge et où par conséquent ne manquaient pas les sels potassiques. Ceux qui, dans la maladie actuelle, ne veulent voir que le phylloxera comme cause unique et suffisante, trouveront dans ce fait la confirmation de leur doctrine. Mais alors comment expliquent-ils l'immunité de certains cépages ? Comment surtout se rendent-ils compte de la résistance des plants issus de graines, dans un sol infecté de pucerons ? L'affaiblissement préalable de la vigne peut seul donner la clé de ces singularités. Continuons sur ce point notre étude critique.

La physiologie nous enseigne que tout être débilité est exposé aux ravages des parasites. Les individus bien nourris et bien soignés, résistent ou ne donnent pas prise à ces ennemis.

La vigne ne fait pas exception à la loi commune. Appauvrie, elle est condamnée à subir la destinée de toutes les races vieillies. Elle disparaîtra, parce que, épuisée par une longue existence, pendant laquelle elle a subi le combat pour la vie, elle n'oppose plus la même résistance aux agents de destruction, auxquels sont, en définitive, voués tous les être créés.

Tant qu'un végétal est sain et vigoureux, par l'abondance de sa séve, il noie les œufs des insectes xylophages déposés sous son épiderme, il ne laisse pas germer les spores des cryptogames, moisissures ou champignons, qui ne prospèrent que sur les tissus en décomposition. S'il vient à s'affaiblir, son tronc se hérisse de nodosités et se sillonne de gerçures où pullulent les insectes, où s'épanouissent les lichens et les mousses. Plus il sera débilité, moins il offrira de résistance à leurs ravages et plus s'accélérera l'œuvre de destruction des ennemis acharnés à sa perte.

S'il succombe, rien ne fait plus obstacle à l'œuvre providentielle des transformateurs. Au reste, dès que la sève a cessé de circuler dans un végétal, par la séparation des branches du tronc nourricier, comme cela se fait par les tailles annuelles, nous voyons à l'œuvre l'armée des parasites ; au bout de peu de temps, les branches de l'olivier ou les sarments de la vigne se perforent de myriades de trous, produits par les tarières des insectes qui n'avaient pas pu s'y développer avant leur amputation.

Toutefois, même dans la plénitude de la vie et de la santé, la plante ne résiste pas indéfiniment aux attaques des parasites. Si elle repousse les premières, elle perd à chaque nouvel assaut un peu de sa force, et à la longue elle devient une pâture de plus en plus facile aux insectes qui vivent de sa substance.

Donc, si l'homme avait un peu de prévoyance, convaincu qu'il ne peut rien pour diminuer le nombre des ravageurs de ses cultures, qui échappent par leur petitesse à sa vue et à ses moyens d'action, il ménagerait ses auxiliaires naturels, les oiseaux, qui seuls peuvent atteindre l'insecte dont ils font leur nourriture de prédilection. Au lieu de les aider dans leur œuvre protectrice, l'homme fait à ses meilleurs amis une guerre acharnée ; par la destruction insensée des oiseaux, il laisse le champ libre aux insectes qui l'appauvrissent et le ruinent.

En ce qui concerne la vigne, nous nous rappelons qu'il y a quarante ans à peine, nous voyions toutes les années nos vignobles hantés par des milliers d'insectivores ; des nuées de traquets et de fauvettes venaient se percher sur les coursons de la vigne. De ce poste d'observation, ils surveillaient les écorces et savaient y découvrir et en extraire les insectes, leurs œufs et leurs larves.

Aujourd'hui, ces infatigables gardiens ont disparu. C'est à peine si de loin en loin on revoit quelques rares représentants de ces charmantes familles vouées à la destruction par notre imprévoyante gourmandise. A peine entrevus, ces auxiliaires, ces protecteurs sont fusillés ou pris aux gluaux et aux raquettes. Quoi de surprenant que nos vignes restent sans défense, en proie à la pyrale, à l'attelabe et au phylloxera.

Ce qui a dû aussi singulièrement altérer la constitution de nos vignes européennes, c'est la violence faite par nos tailles annuelles, aux dispositions si marquées de l'arbuste à employer les vrilles dont la nature l'a muni.

Destinée à s'accrocher à tous les supports, à grimper sur toutes les sommités, à se percher sur toutes les saillies, la vigne a été presque toujours, dans nos cultures, taillée court et réduite à occuper un espace très-limité, en opposition à ses tendances naturelles à la folle végétation et au vagabondage. Nous avons réussi à dompter ces fougues, à réprimer ces expansions, mais n'est-ce pas au détriment de la constitution de ces espèces civilisées ? La mutilation des parties aériennes de la vigne ne contrarie-t-elle pas aussi le développement des racines qui s'étendent toujours proportionnellement aux rameaux et aux feuilles.

Nous ne prétendrons pas que le phylloxera soit l'effet et non la cause de la maladie qui détruit nos vignobles. Les expériences de M. Cornu, les faits observés et analysés avec une sagace pénétration par M. Planchon, prouvent que l'insecte transporté sur les racines d'une vigne saine, y produit les altérations caractéristiques qui accompagnent la pourriture des racines et entraînent la mort du végétal. Le fait de l'importation d'Amérique du terrible puceron paraîtrait aussi incontestable, et nous ne voyons aucune utilité à mettre en doute et par conséquent en discussion, l'introduction récente de ce nouvel ennemi de nos vignobles. Nous acceptons donc que des œufs de ce microscopique aphidien ont été apportés avec des ceps américains, car pour l'insecte vivant il ne saurait avoir été transporté, son mode d'existence le poussant à abandonner les racines auxquelles il adhérait dès qu'elles sont exposées à l'air (1).

Donc le phylloxera trouvant un milieu favorable, des vignes affaiblies par les causes que nous venons d'analyser, s'est étendu et propagé avec une rapidité et une intensité effrayantes. L'affaiblissement préalable peut seul expliquer ses ravages, car ce sont, parmi les variétés cultivées, les plus délicates qui succombent. Nous avons vu, dans un champ de Mourvèdes entièrement ravagé, un cep de Pascal blanc qui s'y trouvait accidentellement planté, végétant, vigoureux et sans atteinte apparente, au milieu des autres ceps desséchés et mourants. A côté de ce vignoble dévasté, un champ d'Aramons semblait indemne, bien que les racines de quelques ceps arrachés au hasard, fussent couvertes de phylloxeras. Ceci a été vu par nous en 1872 dans la propriété Deleau, quartier du plan de la Tour à Ollioules (Var), et cette situation prospère des Aramons n'a pas varié depuis deux ans, tandis que les Mourvèdes ont disparu.

Si donc le phylloxera était l'unique cause de la destruction des vignes, indépendamment des prédispositions que nous avons étudiées, pourquoi certains plants résisteraient-ils, tandis que d'autres succombent ? N'est-ce pas évidemment affaire de constitution, de tempérament, la thérapeutique du phylloxera ne tend-elle pas invinciblement à se résoudre en une question d'hygiène ?

Il en est, à notre avis, des épiphyties comme des épidémies. Le choléra ne se montre que de loin en loin dans nos cités, sous forme épidémique. C'est cependant une maladie importée, et il est admis sans contestation aujourd'hui, que les cas sporadiques qui apparaissent tous les ans au milieu des agglomérations urbaines, ont tous les caractères du choléra indien.

Donc les germes de la maladie préexistent, sont permanents et ne prennent le développement de l'épidémie que lorsque le milieu devient favorable à leur multiplication. Une observation attentive des conditions qui activent la propagation de ces ferments, prouve qu'elle n'a lieu que lorsque l'hygiène publique éprouve de graves atteintes. Quand la santé est bonne, la maladie n'a prise que sur des individualités affaiblies, et s'éteint faute d'aliments.

Tel est le cas de l'épiphytie actuelle de la vigne, et nous n'hésitons pas

(1) Notons toutefois que M. Trimoulet, secrétaire de la Société linnéenne de Bordeaux, établit très-logiquement l'antériorité de l'existence du phylloxera en Europe, car il a été observé et décrit, il y a trente-cinq ans, par Koch, de Munich, dans sa monographie des pucerons, sous le nom d'*Aphis vitæ*.

à le proclamer, car c'est dans cette vérité que nous devons trouver les moyens de la combattre et de la guérir. Etudions par la méthode d'observation ce qui peut nous conduire plus sûrement à ce désirable résultat.

Un fait domine dans les documents publiés jusqu'à ce jour, c'est la résistance de certains cépages aux attaques du phylloxera.

Parmi les variétés européennes, les plus robustes, *Pascal, Aramon, Pecoui-touar,* sont plus indemnes que les *Muscats* et les *Clairettes.* Mais au-dessus de toutes ces espèces de notre vieux monde, brillent par leur immunité relative ou absolue les cépages américains.

Tandis qu'aux États-Unis, du moins à l'est des montagnes Rocheuses, nos vignes européennes sont, au bout de trois ou quatre ans, détruites par le phylloxera, les vignes indigènes, vigoureuses et fécondes, ne semblent pas souffrir de ses atteintes.

De là l'entraînement de nos viticulteurs à importer les précieux arbustes destinés dans leur pensée à remplacer nos vignes mourantes, soit comme porte-greffes, soit comme production pour la cuve.

Mais il y a à ce *postulatum* bien des difficultés.

La première, c'est que les raisins américains sont en général médiocres, mûrissent inégalement ou trop tard, même dans notre Midi, doués de saveurs étranges, et incapables de produire des vins acceptables pour nos palais, accoutumés aux suaves bouquets de nos crus en renom.

La seconde, c'est que ces espèces reçoivent mal la greffe, se multiplient difficilement par boutures et ne se comportent bien que par le marcottage. Enfin elles ne se prêtent pas à nos modes de culture, ne produisent rien quand on les taille, et veulent être abandonnées à elles-mêmes sur de vastes espaces. Un pied de *scuppernong*, au dire de M. Pulliat, couvrirait de 2 à 3 acres (100 à 150 ares) ; un autre pied de ce même cépage, dans la Caroline du Nord, au témoignage de M. Le Hardy de Beaulieu, étendrait sur près d'un tiers d'hectare ses innombrables ramifications.

Ce tempérament si différent de celui de nos vignes, cette vaillance avec laquelle les cépages américains supportent les assauts du phylloxera, s'explique d'un mot : toutes ces vignes sont des sauvageons, des Lambrusques (Labrusca). Or, nous retrouvons chez nous, dans nos vignes spontanées, dans nos lambrusques qui jettent leurs désordonnées végétations sur les grands arbres de nos halliers et de nos berges, la même robusticité pour résister au fléau. Pourquoi donc aller chercher si loin ce que nous avons sous la main, à notre portée ?

Quand les Américains ont voulu produire du vin, en gens pratiques et connaissant le prix du temps, ils ont commencé par utiliser ce qu'ils avaient chez eux. Ils ont récolté les fruits de leurs lambrusques, et choisissant parmi ces sauvageons ceux qui réunissaient fécondité, saveur et beauté de la grappe, ils ont formé avec eux leurs premiers vignobles.

Ainsi ont été distinguées et préconisées certaines variétés qui, suivant les régions, se disputent les préférences des planteurs. Ce sont ces lambrusques qui menacent de faire invasion chez nous et de perdre nos cuvées et leur antique réputation.

Faisons observer du reste que les Américains ne se sont pas bornés à faire un choix parmi leurs meilleurs sauvageons, comme dut procéder lui-même notre aïeul Noé (Dyonisios). Les viticulteurs de l'Union ont commencé à faire des semis, non-seulement de leurs lambrusques, mais encore de pépins provenant de grappes hybridées avec nos meilleures races. Ils ont ainsi créé de nouveaux cépages qui, au tempérament de leurs rustiques ascendants, joignent les qualités raffinées de notre séve française.

C'est là précisément ce que nous recommandons à nos viticulteurs : qu'ils sèment à leur tour, des pépins de nos meilleures variétés, qu'ils cherchent à obtenir par une judicieuse sélection, des cépages plus robustes, parce qu'ils auront la jeunesse, et tout aussi méritants, comme le semis peut en produire, et ils auront sauvé notre grande industrie agricole qui fait la fortune et la réputation de notre chère patrie.

Cette méthode a du reste été employée chez nous par quelques praticiens, mais point sur une assez grande échelle. M. Besson, pépiniériste à Marseille, a obtenu par le semis de nos raisins de table des variétés méritantes dont les fruits ont figuré avec honneur à diverses expositions méridionales. M. Bouschet, de l'Hérault, a créé par des hybridations raisonnées certains cépages de la section des *teinturiers*, qui commencent à se répandre dans nos vignobles. Ces races nouvelles ont un tempérament très-robuste ; au témoignage de M. Pellicot, président du comice agricole de Toulon, les *teinturiers* Bouschet résistent au phylloxera d'une manière remarquable.

M. Auban-Moët, dont le nom est si connu dans la viticulture champenoise, nous a dit que le plant primitif des vignobles de la Marne, le pinot de Bourgogne, a été presque partout remplacé par une varité de semis, obtenue par un vigneron d'Aï, et connue sous le nom de *vert doré* qui s'est montrée plus vigoureuse et plus productive que le plant originaire.

M. Ch. Simon, vice-président de la Société d'horticulture et d'acclimatation du Var, m'a signalé le fait suivant : sur la limite d'un vignoble de *Roussillon*, ravagé par le phylloxera, se fait remarquer un cep provenant d'un pépin accidentellement semé, qui tranche par la vigueur luxuriante de sa végétation sur l'aspect misérable des vignes cultivées. Oublié près du sentier où il avait spontanément germé, il y a plus de quinze ans, ce cep, lorsque le vignoble fut attaqué, attira l'attention du propriétaire, qui essaya de le cultiver, le soumit à la taille et crut ainsi le pousser à fruit. Peines perdues : l'indocile cep ne veut pas fructifier, tout simplement parce qu'il n'a pas l'âge adulte et qu'il faut à un arbre de semis, comme à tous les êtres doués d'une certaine longévité, une longue préparation pour devenir apte à se reproduire par des germes.

Donc le cep rebelle n'a pas été sacrifié. Quand il pourra montrer son fruit, s'il est de bonne qualité, le propriétaire se propose de le multiplier par le bouturage et de créer avec ce plant rustique un vignoble capable de résister aux parasites.

Un autre vice-président de la Société d'horticulture et d'acclimatation du Var, M. Honnoraty, semait, il y a cinq ans, des pépins d'un raisin de table qui ont produit des ceps d'une vigueur remarquable, qu'il essaya de pousser à fruit par la taille et la greffe sur de vieilles vignes. M. Honnoraty comprend aujourd'hui qu'il ne doit pas mutiler ces jeunes semis, il se borne donc à diriger leur charpente, et qu'il doit attendre leur âge adulte pour les voir fructifier. Mais il expérimente en ce moment leur degré de résistance au phylloxera, et il en a planté quelques sarments en plein vignoble infesté. Pour que l'expérience fût concluante, il aurait dû se servir de plants préalablements enracinés, car la bouture peut être détruite par les pucerons qui se porteront sur les jeunes racines au moment où elles commenceront à se former.

M. Laliman (de Bordeaux) a obtenu du semis d'un hybride américain un cépage à baies pulpeuses, sans pépins, réfractaire à l'oïdium et au phylloxera, car venu dans un sol empesté de ces pucerons, suivant l'expression de l'honorable viticulteur, ce cépage a montré une vigueur exceptionnelle. Il a été offert et dédié à M. Drouyn de Lhuys, président de la Société d'acclimatation et de la Société des agriculteurs de France.

M. Cachard, grand propriétaire et négociant en vins à la Cadière (Var), nous affirme qu'un vigneron de sa commune, ayant semé, il y a une vingtaine d'années, quelques pépins de Mourvèdes, intercala dans un vignoble, une douzaine de ces semis. Toutes les vignes de ce champ ont été détruites par le phylloxera, sauf les douze plants de semis, qui donnent peu de fruits à la vérité ; mais les sujets sont encore jeunes, et ce vigneron, bien conseillé, multipliera cette jeune et robuste variété si exceptionnellement préservée.

Cette immunité constatée des teinturiers Bouschet, des semis de certains cépages et de nos lambrusques, nous semble tracer la marche à suivre pour arrêter la ruine de notre viticulture.

Au lieu de demander à grands frais, et Dieu sait au prix de quelles déceptions, les sauvageons américains rebelles à la culture, au bouturage et à la greffe, semons nous-mêmes nos bonnes variétés de raisins de cuve, ou procurons-nous de vigoureux porte-greffes en bouturant nos lambrusques indigènes.

Les plants issus des semis seront nécessairement soumis à une sélection sévère, car tous ne seront pas doués de la même vigueur.

Ceux qui montreront le tempérament le plus robuste seront choisis pour faire souche de variétés nouvelles. Lorsqu'ils auront montré leur fructification et donné la mesure de leurs qualités, par le bouturage, ils fourniront les races rajeunies, capables de résister pendant encore de longs siècles aux causes de détérioration qui s'accumulent sur les races vieillies.

Les sujets vigoureux dont les fruits seront reconnus médiocres, fourniront néanmoins d'excellents porte-greffes.

Mais la conséquence logique des prémisses que nous avons posées, c'est qu'il y a encore autre chose à faire que de se borner à des semis, même sur une large échelle.

Les expériences instituées par la commission spéciale de l'Hérault, dont M. H. Marès a rendu compte à l'Académie des sciences, ne doivent pas être perdues pour nos viticulteurs ; il résulte de ces essais faits avec méthode et conscience, que les procédés de destruction du phylloxera, purement insecticides, ont tous échoué, les uns par impuissance, les autres parce qu'en même temps que l'insecte ils ont détruit la vigne. Le seul mode de traitement qui ait procuré une amélioration sensible, est celui qui combine à un insecticide quelconque un engrais approprié. En première ligne figurent les sels alcalins, notamment le sulfure de potassium et les urines ou les substances ammoniacales (1).

Il est juste cependant de mentionner hors ligne le procédé Faucon, qui consiste à submerger les vignobles attaqués, au moins pendant trente jours consécutifs de la période hivernale. On a dit de cette méthode qu'elle produisait des effets complexes ; que si elle asphyxie sûrement le phylloxera, elle apporte au sol, avec un colmatage plus ou moins riche, un apport de sels alcalins, et agirait dès lors à la manière des engrais. L'expérience de M. Gaston Bazille, culture en baquets immergés dans de l'eau de fontaine, prouverait que toute l'économie de la méthode Faucon consisterait uniquement dans la suppression du phylloxera par voie

(1) M. Dumas, l'illustre chimiste, préconise le sulfo-carbonate de potassium, substance qui, par sa décomposition lente dans le sol, produit un dégagement continu de sulfure de carbone, insecticide énergique, et fournit à la vigne son aliment essentiel : la potasse. Malheureusement jusqu'ici ce sel n'a pas pu être obtenu par des procédés économiques qui le mettent à la portée des besoins des vignerons.

d'asphyxie. Toutefois, elle ne fait qu'ajourner le danger. L'emploi de l'eau là où il est possible, ne dispense pas non plus des fumures énergiques. Tous les jardiniers savent, en effet, que l'eau est le dissolvant infaillible des sels qu'elle entraîne dans les profondeurs du sol ; aussi la culture maraîchère n'est-elle possible qu'à la condition de disposer d'engrais abondants et très-actifs.

Il faut donc, en définitive, se préoccuper de fumer la vigne, et ne pas oublier que les engrais ammoniaco-potassiques, sont en première ligne parmi les substances reconnues les plus efficaces contre le dépérissement des vignes phylloxérées. La nécessité de fortifier la vigne ressort de ce fait que, même des vignobles notoirement atteints du phylloxera, ont pu vivre et donner des récoltes suffisantes depuis cinq ans. M. H. Marès cite notamment le vignoble de 20 hectares de M. Pieyre, près Tarascon, et il fait observer judicieusement que, dans la période initiale, le phylloxera vivait sur la vigne dont il se nourrit, sans la faire périr, et qu'il n'est devenu son destructeur que sous l'influence des causes qui lui ont permis de se multiplier à l'excès : intempéries, humidités ou sécheresses prolongées, gelées tardives, occasionnant des refoulements de la sève ; en un mot comme nous l'avons établi, toutes les influences qui ont affaibli la vigne (1).

Donc la recherche et la conservation des engrais est de première nécessité pour notre viticulture. Heureuses les populations urbaines si les cultivateurs recherchaient les déjections humaines douées de si prodigieuses qualités fertilisantes, qu'on laisse perdre aujourd'hui, non-seulement improductives, mais encore dangereuses pour la santé publique.

Ajoutons que la méthode Faucon a eu le mérite d'attirer la faveur sur le projet de dérivation du Rhône de M. Aristide Dumont ; considéré jusqu'ici comme chimérique, ce projet semble devoir être exécuté. Il pourrait arroser dans cinq départements 200,000 hectares d'où la vigne disparaîtrait sans inconvénient, car avec de l'eau, dans notre Midi, on créera des prairies, et par conséquent on produira de la viande, des engrais et du blé, bases de toute agriculture rémunératrice.

Disons en passant, que si le Var et les Bouches-du-Rhône, étaient appelés à participer aux bénéfices de ces irrigations, l'élève du cheval de guerre pourrait s'y pratiquer sur une large échelle, et que les engrais obtenus y rendraient possible la culture lucrative de l'olivier et du froment, aujourd'hui misérables faute de fumures suffisantes.

Revenons à la destructions du phylloxera, et reconnaissons que nous ne saurions nous désintéresser des moyens accessoires qui agiraient en

(1) Signalons cette concordance avec la doctrine de M. Trimoulet.

détruisant le parasite sans nuire à la vie du cep. A ce point de vue, mentionnons les expériences faites à Hyères, avec le sulfure de carbone par MM. M. Barnéoud et H. Dellort.

Le sulfure de carbone, qui à la dose de 150 grammes par cep, foudroie la vigne infestée, a été empiriquement reconnu très-efficace lorsqu'il a été par ces praticiens dosé convenablement. 40 ou 50 grammes par cep, suivant la plus ou moins grande perméabilité du sol, ont été répartis autour de chaque cep au moyen d'un tube introducteur, et les vapeurs dégagées souterrainement ont suffi pour tuer les pucerons sans nuire à la vigne elle-même.

M. A. de Lavergne réussirait à préserver ses vignes en faisant enduire leur collet avec du coaltar, goudron de houille.

Le directeur de l'usine à gaz de Toulon, M. Renaux a eu l'excellente pensée d'utiliser les produits infects de la distillation de la houille, en les associant avec du sulfate d'ammoniaque qu'il produit en grandes quantités en traitant les eaux d'épuration par le sulfate de fer et de chaux.

Il obtient par ses manipulations une poudre imprégnée d'hydrocarbures de goudron, dont la fétidité est mortelle aux insectes, et il l'associe à une substance azotée très-riche, de sorte qu'il réunit l'engrais à l'insecticide. Ce produit peut être livré à 10 fr. les 100 kilog. ; une formule analogue vient d'être communiquée par un industriel du Nord à l'Académie des sciences et mentionnée avec éloges.

Nous nous dispensons de mentionner les autres insecticides, car outre leur insuffisance, quand ils ne sont pas additionnés de substances fertilisantes, ils ne sauraient, même avec ces auxiliaires, remplir les indications tirées d'une culture rationnelle et de l'observation des lois de la physiologie végétale, seules capables de maintenir la santé de la vigne et d'assurer sa fertilité.

Nos économistes et nos législateurs n'oublieront pas qu'il est aussi de leur devoir d'assurer la conservation des oiseaux insectivores qui défendent contre la vermine le précieux arbuste.

Quant au mode de culture, il y a quelque chose à modifier dans le système des tailles courtes et des mutilations trop rigoureuses infligées à cet arbuste si expansif et si porté aux frondaisons exubérantes.

Les Italiens qui ont conservé les traditions de Columelle et de Virgile, cultivent encore en treille, qu'ils laissent courir en longs festons sur de grands arbres. La vigne gagne à ce traitement plus en harmonie avec son tempérament, une longévité fabuleuse. En Savoie et dans l'Isère, sans employer cette licence d'allures des Italiens, on pratique des échalassements en longs cordons, qui donnent aux vignes plus de vigueur et de fécondité, sans nuire à la finesse des vins que nous savons doués de bouquets fort délicats.

Le regrettable Dr J. Guyot avait du reste préconisé, non sans raison, les tailles longues, et il y aurait à notre avis, avantage à y recourir dans une certaine mesure. — Citons à l'appui de ce conseil, un fait assez concluant.

Il y a plus de trente ans, mon père voulut faire arracher une très-vieille vigne de l'étendue d'un hectare et demi, qui ne donnait plus que d'insignifiantes récoltes. Il fit donc allonger la taille que l'on avait jusque là conduite, comme il est d'usage en Provence, très-courte et très-sévère.

La première récolte qui suivit la taille longue fut si abondante, que le sacrifice de la vieille vigne fut ajourné. La taille longue fut continuée, d'année en année, sans interruption jusqu'à ce jour, et c'est encore ce vignoble, surmené depuis un tiers de siècle, qui donne les plus abondantes vendanges. On s'est bien gardé d'appliquer ce procédé aux autres champs de vigne. Le résultat eût-il été aussi beau partout sans compromettre l'existence des ceps ? Il est impossible de l'affirmer ; mais ce que je puis dire, c'est que devenus plus hardis, mes fermiers laissent maintenant aux vignes peu fertiles, un long sarment qui se couvre de grappes, et les dédommage de la paresse des parties taillées court.

Résumant cette étude, nous affirmons que le salut de notre viticulture n'est pas dans la découverte d'un insecticide, mais dans l'observation des lois naturelles et dans la pratique des moyens dont la science a démontré l'efficacité.

Cette méthode rationnelle peut se formuler en ces termes :

1° Planter la vigne dans les terrains et aux expositions qui lui conviennent ;

2° Restituer au sol où elle vit, les agents de fertilité, engrais et substances minérales que sa végétation en extrait, et qui sont indispensables à sa santé ;

3° Conduire la taille de manière à ne pas trop violenter ses tendances natives ;

4° Chercher dans le semis, des variétés que leur jeunesse et leur vigueur mettraient à même de résister mieux que les espèces vieillies aux causes de destruction ;

5° Protéger les oiseaux insectivores ; prohiber absolument l'usage des piéges et lacets ;

6° Enfin délivrer les racines des pucerons au moyen d'agents spéciaux qui soient pour la végétation souterraine ce que le soufre a été pour la végétation aérienne.

4

Mais il est constant que si l'on se borne à l'emploi des insecticides, fussent-ils encore plus infaillibles, l'effrayante fécondité du phylloxera est telle, qu'un seul sujet échappé à la destruction peut encore être le point de départ d'une nouvelle invasion, si la vigne reste faible et désarmée.

Donc n'attendons pas notre salut d'une panacée. Le problème est complexe ; si nous espérons un sauveur, il ne viendra jamais. Etudions, arrivons à la compréhension des lois naturelles, appliquons-nous à ne pas les violer, mais à les observer, et rappelons-nous la virile devise de nos pères : *Aide-toi, le ciel t'aidera.*

www.ingramcontent.com/pod-product-compliance
Ingram Content Group UK Ltd.
Pitfield, Milton Keynes, MK11 3LW, UK
UKHW022000260726
13994UKWH00004B/1871